小实验串起科学史（第20全）

从惯性原理到人造卫星

路虹剑 / 编著

化学工业出版社

·北京·

图书在版编目（CIP）数据

小实验串起科学史. 从惯性原理到人造卫星 / 路虹剑
编著 . —北京：化学工业出版社，2023.10
ISBN 978-7-122-43908-6

Ⅰ . ①小… Ⅱ . ①路… Ⅲ . ①科学实验 - 青少年读物
Ⅳ . ①N33-49

中国国家版本馆 CIP 数据核字（2023）第 137331 号

责任编辑：龚 娟 肖 冉　　　　　装帧设计：王 婧
责任校对：宋 夏　　　　　　　　　插　画：关 健

出版发行：化学工业出版社（北京市东城区青年湖南街 13 号 邮政编码 100011）
印　装：盛大（天津）印刷有限公司
710mm×1000mm　1/16　印张 40　字数 400 千字
2024 年 4 月北京第 1 版第 1 次印刷

购书咨询：010-64518888
售后服务：010-64518899
网　址：http://www.cip.com.cn
凡购买本书，如有缺损质量问题，本社销售中心负责调换。

定价：360.00 元（全 20 册）

作者序

在小小的实验里挖呀挖呀挖，
挖出了一部科学史！

　　一个个小小的科学实验，好比一颗颗科学的火种，实验里奇妙、有趣的科学现象，能在瞬间激起孩子的好奇心和探索欲。但这些小实验并不是这套书的目的和重点，它们只是书中一连串探索的开始。

　　先动手做一个在家里就能完成的科学实验，激发孩子的好奇，自然而然地，孩子会问"为什么"，这时候告诉他这个实验的科学原理，是不是比直接灌输科学知识更能让孩子接受呢？

　　科学原理揭秘了，孩子的思绪就打开了，会继续追问：这是哪位聪明的科学家发现的？他是怎么发现的呢？利用这个科学发现，又有哪些科学发明呢？这些科学发明又有哪些应用呢？这一连串顺

理成章、自然而然的追问，是不是追问出一部小小的科学史？

　　你看《从惯性原理到人造卫星》这一册，先从一个有趣的硬币实验（实验还配有视频）开始，通过实验，能对经典物理学中的惯性有个直观的了解；紧接着通过生活中的一些常见现象来加深对惯性的理解，在大脑中建立起看得见摸得着的物理学概念。

　　接下来，更进一步，会走进科学历史的长河，看看是哪位伟大的科学家首先发现了惯性原理；惯性原理又是如何体现在宇宙中星体的运动里的；是谁第一个设计出来人造卫星，这和惯性有着怎样的关系；我国的第一颗人造卫星是什么时候发射升空的……

　　这套书共有 20 个分册，每一个分册都有一个核心主题，从古代人类文明，到今天的现代科技，内容跨越了几千年的历史，能读到伽利略、牛顿、法拉第、达尔文等超过 50 位伟大科学家的传奇经历，还能了解到火箭、卫星、无线电、抗生素等数十种改变人类进程的伟大发明的故事。

　　这套书涉及多个学科，可以引导孩子在无数的"问号"中深度思考，培养出科学精神、科学思维、科学素养。

目 录

人造卫星是一种环绕地球在空间轨道上运行的无人航天器。它对人类的生活有很重要的作用：可以帮助我们传输通信信号，还可以监测和预告地球上的气象变化，另外，人造卫星还对人类的航天探索起着不可或缺的作用。

那么，人造卫星能够在一个围绕地球的轨道上匀速运动，背后有哪些科学的原理呢？在揭晓答案之前，我们先做一个有趣的小实验。

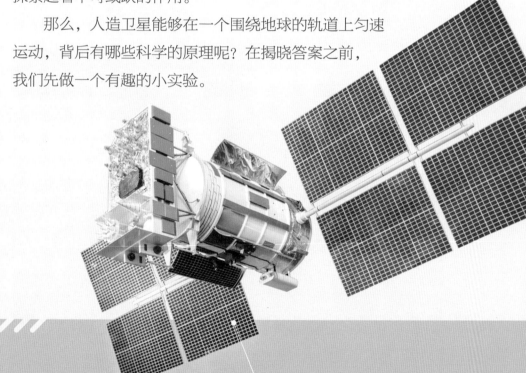

在天空中运行的人造卫星

小实验：不会掉的硬币

在接下来的实验中，我们来探讨一下物体在静止状态下的特点。

扫码看实验

实验准备

饮料瓶（瓶口比硬币略小）、一张纸币和几枚大小相同的硬币。

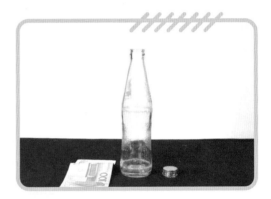

实验步骤

把纸币放在瓶口上，将硬币对准瓶口压住纸币。

迅速抽出纸币后，硬币稳稳地落在瓶口上，没有掉下来。

实验背后的科学原理

在实验中迅速抽出纸币，我们可以看到硬币能稳稳地落到瓶口上。

这是因为在我们迅速地抽出纸币的过程中，上面的硬币具有惯性，还保持原来的静止状态，就好像在纸币抽出的瞬间，硬币还没有"反应"过来，所以就正好落在瓶口上。

在上面的实验中，我们发现了一个重要的物理学概念——惯性，正是有了惯性的存在，硬币才能"保持不动"。

我们还可以做这样一个小实验：把一张硬纸片放在玻璃杯上，再在纸片上面放一枚硬币，然后用手指沿水平方向快速弹走硬纸片，看看硬币会有什么变化。

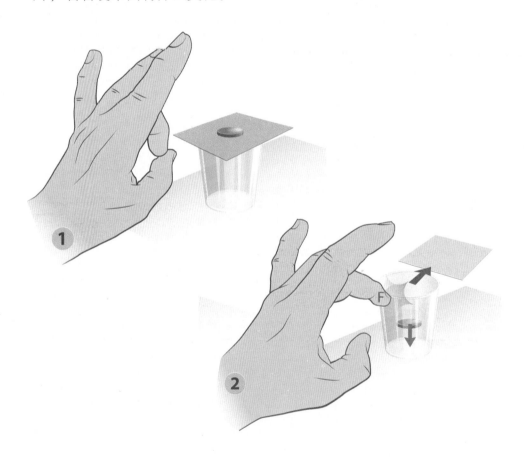

有趣的是，你会发现硬币并没有跟着纸片一起被弹走，而是直接落入玻璃杯中。其实这个小实验和"不会掉的硬币"实验一样，都是利用了惯性原理。

那么在人类历史上，是哪位科学家最早发现了惯性呢？

是谁最先发现了惯性?

根据历史记载,惯性是意大利物理学家、天文学家伽利略·伽利雷发现的,他也被称为"观测天文学之父"。

在文艺复兴以前,世界上认可的是亚里士多德的运动理论,即在没有外部动力的情况下,地球上所有的物体都会静止,只要有动力作用,物体就会运动。

然而,随着时间的推移,许多科学家对这一运动理论提出了异议。善于观察和实验的伽利略采用了哥白尼模型,推翻了广为人知的运动理论。

意大利物理学家、天文学家伽利略·伽利雷

　　伽利略将两个非常光滑的斜面相连，形成漏斗状，然后让球从一个斜面上以一定的高度滚下。他发现，无论如何改变另一斜面的坡度，小球都会不管实际路程的长短，而沿着斜面上升和回落到两个斜面相同高度的地方。

　　在此基础上，伽利略做出了设想：若第二个斜面是无限延伸的光滑水平面，则小球将会永远向前运动。他进一步推理得出结论：物体运动并不需要力来维持。最终，他把这个发现概括为惯性定律：只要不受到外力的作用，物体就会保持其原来的静止状态或匀速运动状态不变。

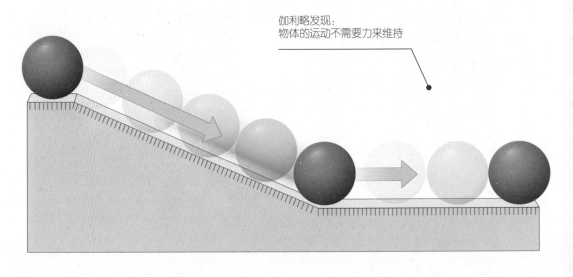

伽利略发现：
物体的运动不需要力来维持

　　而物理学家艾萨克·牛顿在后来提出"惯性原理"作为他的第一运动定律。该定律指出，除非受到外力的作用，否则任何物体都会保持静止或匀速直线运动的状态。

　　在前面的小实验中，快速抽出纸币时，硬币几乎没有受到外力的影响，而是保持着接近静止的状态，所以才不会掉下来。

物体处于两种状态下的惯性表现

1. 静止状态

物体处于静止状态时不能自己改变静止状态，比如前面小实验中的硬币。

再比如，当一辆汽车突然启动时，车内的乘客会向后倒。有没有想过为什么会这样？这是因为乘客与汽车接触的下半身与车一起向前运动，而上半身由于静止的惯性而保持静止，所以身体才会向后倾斜。

汽车突然启动时为什么人会往后倒？

2. 运动状态

物体处于运动状态时不能自己改变其运动状态。

如果我们把上面汽车的例子反过来，就能理解物体运动状态下的惯性了。假设你坐在一辆正在向前行驶的汽车中，当它突然刹车时，你的上半身就会向前倒。这是因为与汽车接触的下半身随车一起停了下来处于静止状态，而上半身则由于运动的惯性而保持运动状态。

安全带的发明和安全原理

安全带是英国工程师乔治·凯莱在 19 世纪早期发明的，主要是为了保护滑翔机驾驶员的安全。而据说美国人爱德华·J.克拉格霍恩在 1885 年 2 月 10 日就获得了安全带的专利，他的发明是为了保证乘客在纽约乘坐马车时的安全。

安全带可以在汽车等交通工具出现紧急制动（例如刹车）或发生强烈撞击时，化解惯性力，并把人拉紧或束缚在座位上，从而缓解或减轻驾乘人员的受伤情况。正因为有着安全带的存在，每年无数人的生命得到了挽救。所以，在我们出门乘车的时候，一定要养成系安全带的好习惯。

安全带的发明降低了惯性所造成的人员伤亡风险

小实验：区分生熟鸡蛋

扫码看实验

生鸡蛋和煮熟的鸡蛋看起来是一样的，那么在不打碎鸡蛋的前提下，你能区分出生鸡蛋和熟鸡蛋吗？下面我们来做一个区分生、熟鸡蛋的物理小实验。

首先准备一个生鸡蛋和一个熟鸡蛋，在桌子上先后转动两个鸡蛋，使鸡蛋迅速旋转起来，然后观察两个鸡蛋的转动情况。

如果鸡蛋转动得很顺畅，那么这个鸡蛋就是熟鸡蛋；如果鸡蛋转动得不顺畅，那么这个鸡蛋就是生鸡蛋。这是为什么呢？

因为煮熟的鸡蛋，蛋清、蛋黄变成固态，与蛋壳成为一个整体。当熟鸡蛋转动时，蛋壳、蛋清和蛋黄一同受力，一起旋转，所以转动得比较顺畅。而生鸡蛋的蛋清和蛋黄是液体，与蛋壳不是一个紧密的整体，当生鸡蛋转动时，蛋清和蛋黄具有保持原状的惯性，不会立即跟着蛋壳一起转动，蛋壳的转动就会被蛋清、蛋黄拖慢，因此生鸡蛋转动得不会很顺畅。

　　在鸡蛋的转动未停止时，用手突然按住鸡蛋并马上缩手，再观察两个鸡蛋。如果缩手后鸡蛋不再转动，那么这个鸡蛋是熟鸡蛋；如果缩手后，鸡蛋能再转动几下，那么这个鸡蛋是生鸡蛋。

　　因为熟鸡蛋被按住时，蛋壳、蛋清和蛋黄全部受力，所以全部停止运动，缩手后就不会再转动。而生鸡蛋被按住时，只是蛋壳受到阻力停了下来，蛋清和蛋黄由于惯性并不能马上停下来，缩手后蛋清和蛋黄会带着蛋壳再次转动。

从"地心说"到行星的运动

在人造卫星出现之前，人类对地球和宇宙的观察和研究，已有上千年的历史，这期间出现过很多著名的理论。

公元前 4 世纪，古希腊天文学家欧多克斯认为地球是宇宙的中心，所有天体都围绕地球运行。这就是"地心说"的理论。

而到了 1513 年，波兰天文学家尼古拉·哥白尼提出"日心说"理论——太阳在宇宙中心是静止的，地球和其他行星围绕它旋转。当时的教会压制了这个有争议的理论，但它彻底改变了天文学。

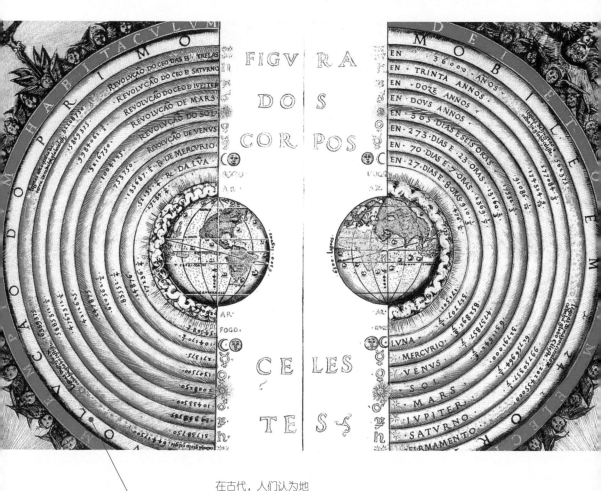

在古代，人们认为地球是宇宙的中心

1609 年左右，意大利天文学家伽利略·伽利雷对望远镜进行了改进，使他能够观测金星的相位、木星的卫星、超新星和太

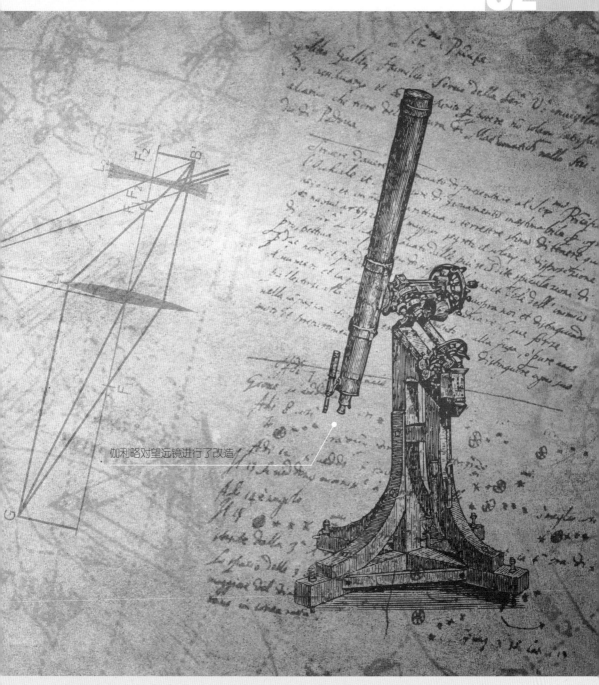

伽利略对望远镜进行了改造

阳黑子。他的发现证明了哥白尼的"日心说"。但罗马宗教裁判所判定他犯有异端罪。

德国天文学家
约翰内斯·开普勒

　　1610 年，德国天文学家约翰内斯·开普勒开始用"卫星"一词来描述环绕木星运行的天然天体。

　　他发现了行星运动的三定律，意识到行星的轨道可能是椭圆而不是圆形的。

　　1687 年大科学家牛顿出版了《原理》一书，在书中他陈述了运动的三大定律，描述了万有引力，这为我们理解行星、卫星和天体轨道奠定了基础。

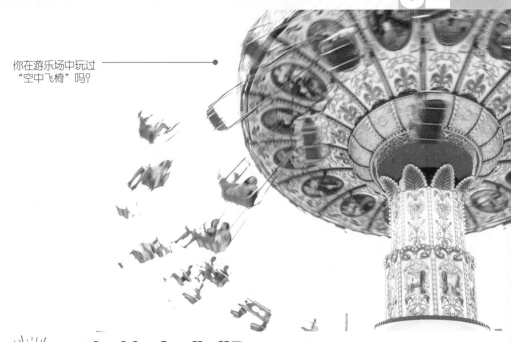

你在游乐场中玩过
"空中飞椅"吗?

为什么我们
感受不到地球自转?

我们在游乐场玩"空中飞椅"的时候，能清楚地感受到身体旋转起来了。而地球每时每刻都在自转，速度远远大于飞椅旋转的速度，为什么我们感受不到地球的旋转呢?

我们先来举一个例子。假如我们乘坐在地铁里，在地铁启动或者制动的时候，我们能够明显感受到力的作用，但是地铁在行驶的过程中，我们几乎感受不到地铁在行驶。这是因为地铁为我们构建了一个惯性体系。只要这个体系的速度不发生改变，我们就不会明显感受到体系的运动，并会跟随体系一起运动。

同样的道理，我们生活在地球上，大气层为我们提供了一个完美的惯性体系，因此我们几乎感受不到地球的旋转。假如地球突然停止转动，或者突然加速旋转，我们的身体就会有明显的感受。

　　不管我们处在体系的什么位置，惯性体系不仅可以使我们感受不到运动，还会让我们的身体跟随体系一起运动。在我们乘坐汽车时，如果汽车中飞着一只小飞虫，那么飞虫不需要任何向前飞行的速度就会和我们一同向前。同样地，当汽车突然刹车时，飞虫也会像车上的乘客一样身体前行移动。这就是惯性体系带给我们的影响。

　　大家还可以自己做一个实验：我们乘坐火车的时候，在车厢里跳起来，当我们落在车厢地板上时，观察一下自己是否又落回了原地？在尝试的时候一定要注意安全，把握好身体的平衡。

地球无时无刻不在转动，但由于惯性，我们感觉不到

第一颗人造卫星的升空

说到人造地球卫星，我们要先从卫星说起。卫星是指宇宙中在特定的轨道围绕行星运行的天体。卫星环绕哪一颗行星运转，就是哪一颗行星的卫星。

"人造卫星"就是我们人类自己制造的卫星。由卫星和"人造卫星"的定义我们可以得出：人造地球卫星就是人类制造的环绕地球运转的卫星。科学家用火箭把人造地球卫星发射到预定的轨道，使它环绕着地球运转。利用人造地球卫星进行探测或科学研究，给我们的生活、通信带来了巨大便利。

人造卫星为我们的生活提供了诸多便利

　　地球对周围的物体有引力的作用，抛出的物体最终都要落回地面。但是，抛出的初速度越大，物体就会飞得越远。如果从高楼上用不同的初始速度水平抛出物体，速度逐渐加大，落地点离高楼就一次比一次远。如果排除掉空气阻力这项因素，当速度足够大时，物体就永远不会落到地面上，它将围绕地球旋转，成为一颗绕地球运动的卫星。

　　当然，把人造卫星从想法变为现实，并不是一件容易的事。不仅需要对轨道有精确的计算，还需要借助航天工具把卫星送到太空中。

"火箭之父"
康斯坦丁·齐奥尔科夫斯基

苏联科学家、现代航天学奠基人、"火箭之父"康斯坦丁·齐奥尔科夫斯基早在 1903 年就提出用火箭发射宇宙飞船的设想。他计算出飞行器绕地球运行的最小轨道所需的速度为 8 千米 / 秒，并提出用液体推进剂驱动的多级火箭可以实现这一目标。

齐奥尔科夫斯基
的火箭设计草图

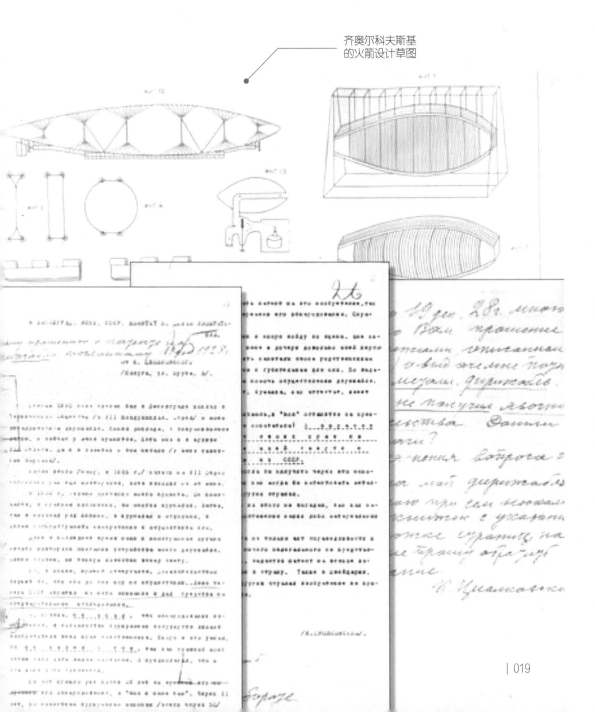

1945 年，英国科幻作家阿瑟·C.克拉克发表了一篇文章，预见性地展示了地球同步卫星如何被用于全球广播、电视和通信。

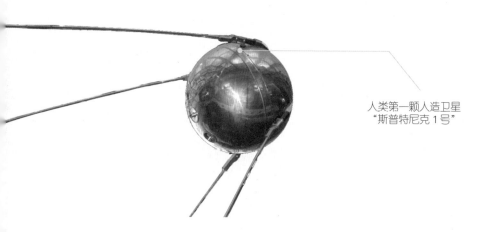

人类第一颗人造卫星
"斯普特尼克 1 号"

1957 年 10 月 4 日，当时的苏联发射了第一颗环绕地球运行的人造卫星"斯普特尼克 1 号"，创造了人类的历史。

这是世界上第一颗人造地球卫星，呈球形，直径 58 厘米，重量为 83.6 千克。在其密闭的铝合金壳内装有化学电池、温度计和双频率小型发报机。这颗卫星在距地球 215 千米至 939 千米的椭圆轨道上运行，绕地运行一周所用的时间是 96.2 分钟。它在近地轨道上绕地飞行了 1400 余圈，92 个昼夜，总航程达到 6000 万千米以上。

"斯普特尼克 1 号"的发射成功，宣告了人类从此进入利用航天器探索宇宙空间的新时代。

在空间轨道中的"斯普特尼克 1 号"（构想图）

为什么人造卫星离不开惯性?

人造卫星初速度的获得是靠火箭,发射升空进入预定轨道后,卫星便可以在惯性的作用下进行运动。

卫星的轨道一般是椭圆形。椭圆形的轨道距地球引力中心有近有远,卫星在近地点时运行速度很快,而在远地点时高度增加了,运行速率降低,相当于卫星的动能和地球重力势能之间的转换。

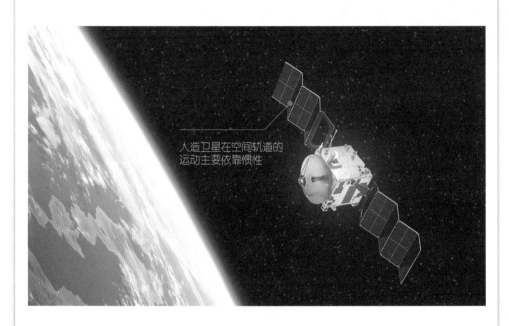

人造卫星在空间轨道的运动主要依靠惯性

不过这个过程不再需要提供额外的动力,而是靠着惯性进行。多数卫星的高度都超过 200 千米,宇宙空间中极其稀薄的大气对卫星的运行影响是极其微小的,需要很长时间才能让卫星的速度衰减到第一宇宙速度(7.9 千米 / 秒)之下。

所以,一般来说人造卫星成功发射到太空轨道上,可以依靠惯性运行很长时间。

低轨道
高轨道
顺行轨道
逆行轨道
赤道轨道
地球同步轨道
对地静止轨道
极地轨道

地外不同的空间轨道

在"斯普特尼克 1 号"升上太空后，紧接着在 1960 年，美国宇航局发射了第一个气象卫星"泰罗斯 1 号"。它可以传输地球云层的红外图像，并能够探测和绘制飓风图。

太空中的 "东方红"

1970 年 4 月 24 日，中国第一颗人造地球卫星——东方红一号，在酒泉卫星发射中心成功发射，它是由以钱学森为首任院长的中国空间技术研究院研制的。中国也是继苏联、美国、法国、日本之后，世界上第五个借助自主研发制造的火箭发射国产卫星的国家，由此在中国的航天史上写下了浓墨重彩的一笔，开创了中

1970 年初，科研人员正在测试"东方红一号"卫星

国航天的新时代。

北京时间 1970 年 4 月 24 日 21 时 35 分，"东方红一号"卫星由长征一号运载火箭搭载着冲向太空。"东方红一号"卫星重 173 千克，其主要任务是进行各项卫星技术试验，探测电离层和大气的密度，同时向太空播放中国的《东方红》乐曲，让宇宙第一次听到了来自太空的中国声音。

"东方红一号"卫星在其执行任务期间把大量遥测参数以及各种太空探测资料成功地传回地面指挥中心。卫星在太空运行了 28 天之后，电池的寿命终结，《东方红》乐曲因而停止播放，结束了它的工作寿命。但是，卫星的轨道寿命并没有结束，预计它还能在太空运行数百年的时间。

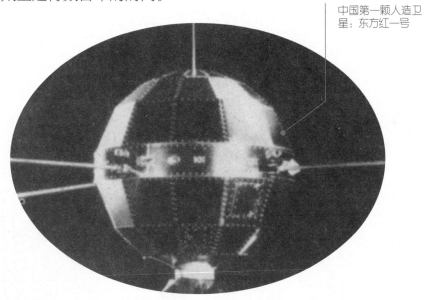

中国第一颗人造卫星：东方红一号

"东方红一号"卫星的研制和成功发射，代表着当时中国的经济和科技发展水平，反映了中国的社会发展和军事实力，体现了国家的综合国力，一定程度上对当时的国际关系格局产生了重要的影响，极大地增强了当时中国的民族自豪感和凝聚力。从此之后，中国在深空探测领域也占有了一席之地。

有关航天的其他重要事件

1979 年，欧洲航天局实现了首次发射，将"阿丽亚娜 1 号"火箭送入太空。

1988 年，中国第一颗气象卫星"风云一号"由"长征四号"火箭发射升空。

1994 年，美国研制的首个全球定位系统 GPS 开始运作。它由 24 颗地球同步卫星组成，可以在地球上任何地方或地球附近的任何天气情况下提供准确的地理位置和时间信息。

1998 年，国际空间站模块的第一个组件发射升空。这是一个微重力和空间环境研究实验室。

你知道吗？在地球外的空间内有超过 1000 颗卫星在轨运行

今天，在我们地球外的空间内，有超过 1000 颗卫星在各自的轨道上运行，包括通信卫星、气象卫星、导航卫星、测地卫星、侦察卫星等，为人类的生活和科学探索做出了巨大的贡献。

探月卫星的 "先驱者"

作为中国探月工程一期的 "先驱者"，2007 年发射的 "嫦娥一号" 探月卫星，是带着探测月球表面的环境、地貌、地形、地质构造和物理场的任务升空的。

在 "嫦娥一号" 为期一年多的服役期间，它圆满完成了预定的工作任务，成功地实现了中国探月一期工程的四大目标：绘制月球 0 度到南北纬 70 度的全月图；测定月球表面多种元素分布情况及矿物质种类及含量；研究月球表面内层土壤的薄厚分布情况；探测月球的环境以及了解月球表面和空间的数据。

"嫦娥一号" 卫星开展了卫星平台有关技术试验和卫星变轨能力、轨道测定能力的十多项验证试验。这些验证试验从 2008 年 11 月 8 日开始就按预定的计划顺利地得以实施，卫星的轨道从 200 千米圆轨道降到 100 千米圆轨道，接着再降到远月点 100 千米、近月点 15 千米的椭圆

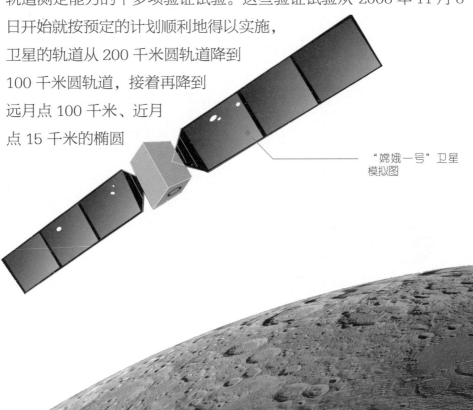

"嫦娥一号" 卫星
模拟图

月球的地形地貌

轨道上，最后再回到 100 千米的圆轨道上。

同时，"嫦娥一号"卫星还开展了卫星部分系统的技术试验和可靠性试验，获得了一批相当有价值的技术试验数据，为中国的探月二期工程积累了技术和宝贵的工程经验。

2009 年 3 月 1 日，"嫦娥一号"卫星在地面指挥中心科技工作者的精确控制下，准确地落在月球表面东经 52.36 度、南纬 1.50 度的预定撞击点上，圆满地完成使命，中国探月工程一期完美收官。

留给你的思考题

1. 在"不会掉的硬币"实验中，为什么用很慢的速度抽出纸币，硬币就会掉下来？

2. 生活中，还有哪些现象和惯性有关？请你举出至少 1 个例子。